科学之舟丛书

发现地“球”

北京科学中心　组编

孙媛媛　编著

中国水利水电出版社
www.waterpub.com.cn

·北京·

《发现地“球”》视频资源大集结

精彩科普视频 为你解释现象背后的科学原理

我是知识渊博的青年科学家——三生老师。你知道如何测量地球的周长吗？有一个非常巧妙的方法，翻开第20页和我一起学习学习吧！

我是勤学好问的学生——真真。麦哲伦的船队是如何环游地球的？想知道在海上如何辨别方向吗？快翻开第24页吧！

我是活泼聪明的学生——天天。随着科学技术的发展，人类能够从宇宙回看我们美丽的家园——地球。在无数科学家们的共同努力下，对地球的形状的形成给出了解答，翻开第50页了解背后的科学原理吧！

扫描二维码
即可观看绘本中
精彩的科普视频

地球方圆——展览介绍

一部地球之形的认识史，反映了人类科技变革的进程。几千年前，古代先贤开始观察、探索脚下的大地，拉开了“朴素认知”的序幕。历经中世纪的徘徊，近代地理大发现拓展了人类的视野，文艺复兴为科学革命带来曙光，对大地形状的追问，迎来了“理性探索”的时代。如今，随着科技的迅猛发展，我们可以摆脱地球引力进入太空，突破技术瓶颈深入地球内部，借助“科技前沿”一探天渊。让我们循着前人的科学思想和方法，开启地球方圆之旅，探求科学本源！

地球方圆展览
宣传视频

HUNGER FOR TRUTH
EXPLORE FORWARD
地球
方圆

2020

编委会

前 言

我们居住的地球是什么形状？这似乎是每个小朋友都能回答的问题，但德国哲学家黑格尔曾说过：熟知并非真知。面对这些习以为常的知识，如果进一步关注科学家是怎样思考的，追溯科学结论的由来，岂不乐哉！

人类探索自然的历程犹如奔涌入海的河流，蜿蜒曲折。新思想的涌现、技术工具的革新、社会文化的变迁，不断推动科学体系的完善与发展。

一部地球之形的认识史，反映了人类科技变革的进程。几千年前，古代先贤开始观察、探索脚下的大地，拉开了“朴素认知”的序幕。历经中世纪的徘徊，近代地理大发现拓展了人类的视野，文艺复兴为科学革命带来曙光，对大地形状的追问，迎来了“理性探索”的时代。如今，随着科技的迅猛发展，我们可以摆脱地球引力进入太空，突破技术瓶颈深入地球内部，借助“科技前沿”一探天渊。

历经沧海桑田，探索从未停歇。让我们循着前人的科学思想和方法，开启地球方圆之旅，探求科学本源！

目录

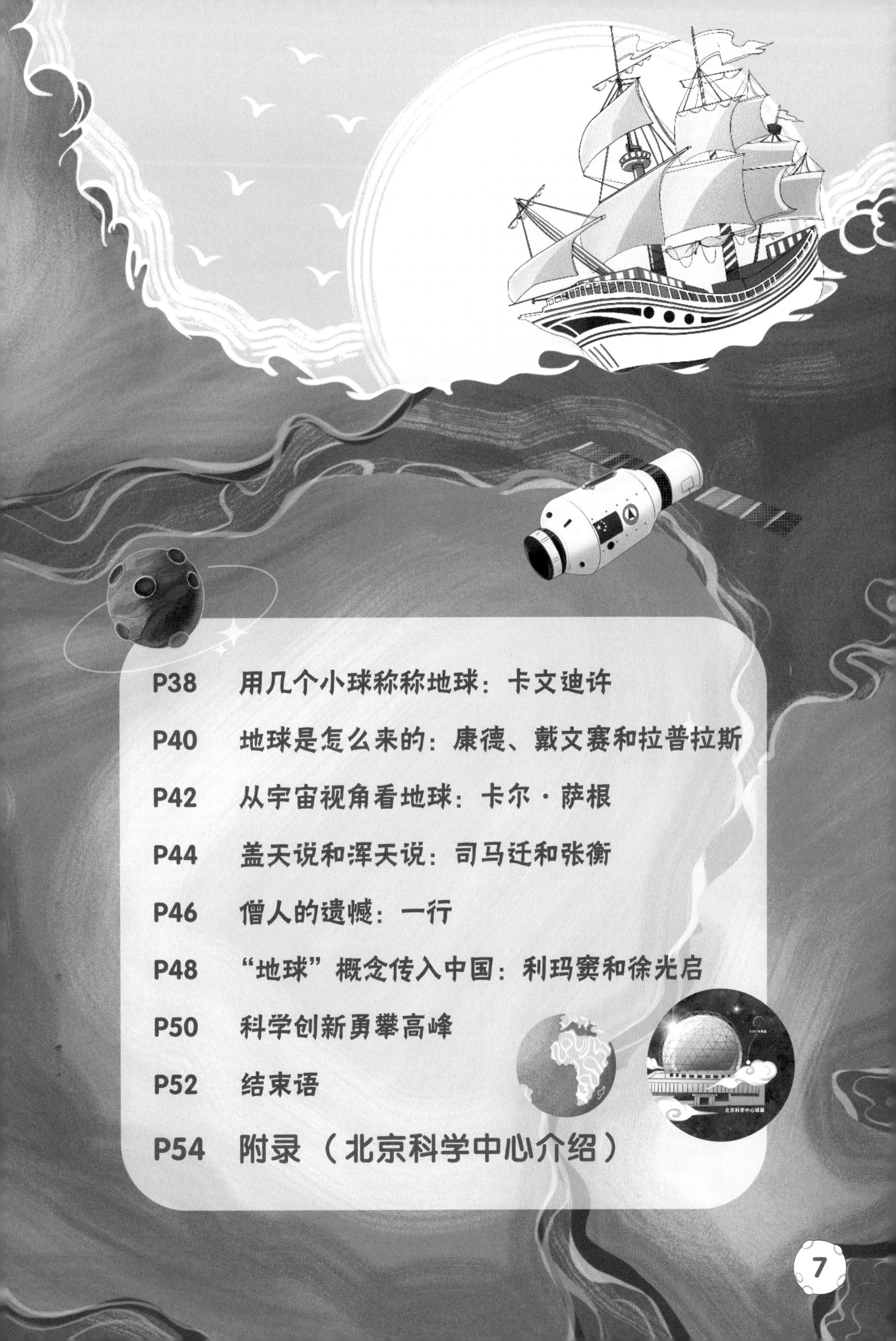
北京科学中心球幕

蓝色大理石：阿波罗17号

1972年12月7日，人类迄今为止最后一次飞往月球的途中，阿波罗17号上的宇航员从太空拍摄了我们人类家园——地球。如今微信的启动画面就是这张照片。

此时，对于身在太空船上的宇航员来说，地球的大小就像孩子们玩耍的弹珠一样，因而地球得名“蓝色弹珠”，也被称为“蓝色大理石”。凝望着太空中这颗独一无二的“蓝色大理石”，人们不禁陷入沉思：自古以来，人类通过怎样的想象、思考、测量、探索，才对赖以生存的地球母亲有了科学的认知，又是如何还原了她的真实面貌呢？

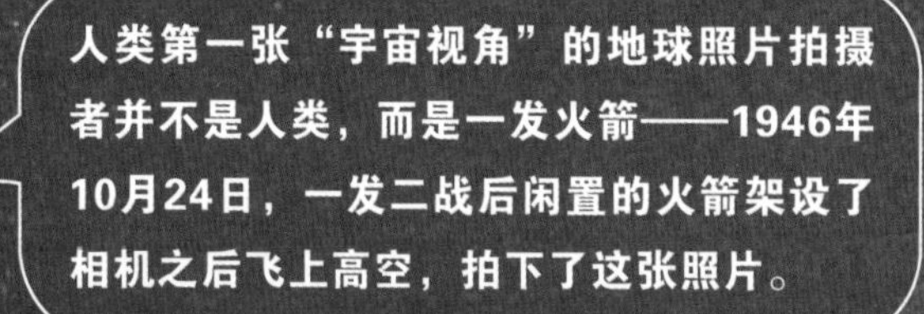
人类第一张“宇宙视角”的地球照片拍摄者并不是人类，而是一发火箭——1946年10月24日，一发二战后闲置的火箭架设了相机之后飞上高空，拍下了这张照片。
也没把地球拍全呀。
呀，没有颜色，是黑白照片啊。
V2

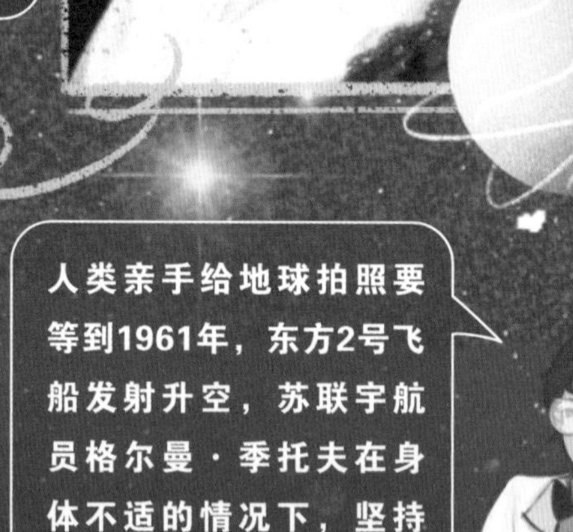
人类亲手给地球拍照要等到1961年，东方2号飞船发射升空，苏联宇航员格尔曼·季托夫在身体不适的情况下，坚持对地球进行了拍摄。
真不容易，但还是看不出地球的颜色。

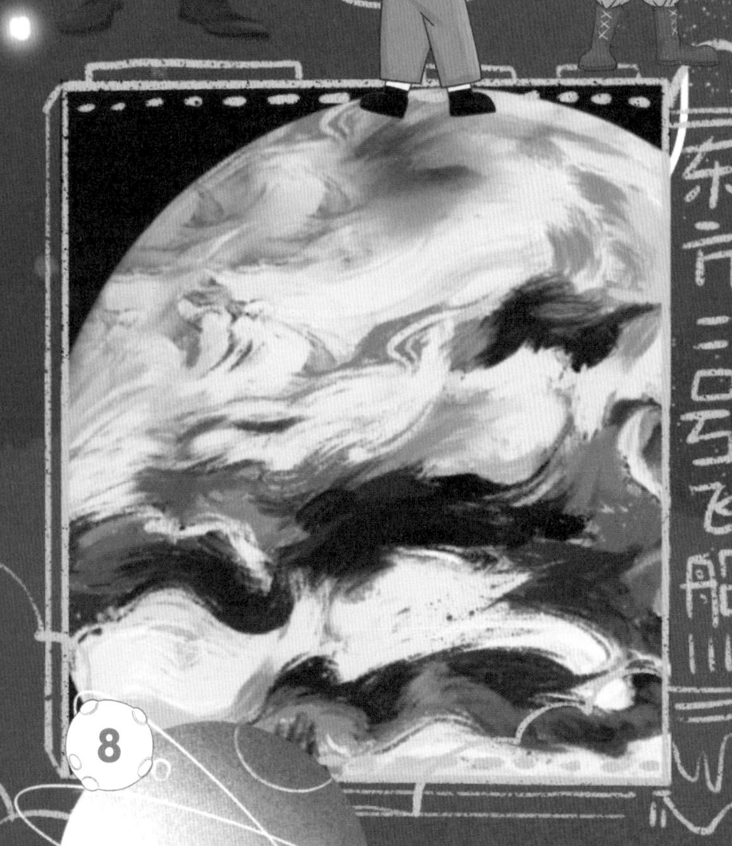
东方二号飞船

好吧，第一张地球的彩色照，要等到六年后。1967年，相继上天的几颗卫星分别拍到了地球的真彩色照片。不过，最著名的一张是阿波罗17号拍摄的“蓝色大理石”。
这才是我喜欢的地球呀。
黑白照片更有年代感呢！
1967年

时空穿越：科学之舟

传说，有一艘名叫“科学之舟”的巨轮，它的出现没有任何规律。可能今天还在西方明天就出现在了东方；有时隔几个月出现，有时一消失就是几百年。最神秘的是，这艘巨轮能穿过世界的边界“海格力斯之柱”。只有那些具有探索精神、追求真理的人，才能看见并登上此巨轮。据说那些登上“科学之舟”的人物将带领我们人类开创新的纪元，创造文明、美好的世界。

海格力斯之柱的由来：

在希腊神话中，大力神赫拉克勒斯要完成12件极其困难的任务，其中一件就是要把一座高山立在地中海的尽头。后来人们把这座山叫做“赫拉克勒斯石柱”，也称作“海格力斯之柱”，寓意世界的尽头。

如果让你从哆啦A梦的口袋里选一样东西，你最想要什么？
变身饼干！或者换装照相机！
我选时光机！要是能穿越古今，那可真是太酷了！
真让你说着了。我刚刚把传说中的“科学之舟”复原了，话不多说，让我们乘坐“科学之舟”，来一次时光穿梭之旅吧！

大地形状猜想

大地是球形的——这是我们现代人的常识，但这对古人来说无异于天方夜谭。对于脚下大地的认知、天上星星的猜想，既是脑海中的想象，也是哲学上的思辨。因此，关于地球，每个古文明就有了许多千奇百怪的传说。

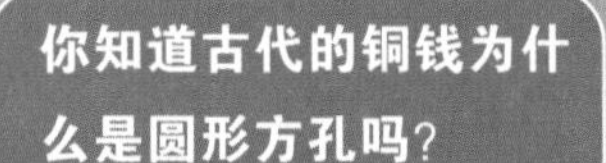
你知道古代的铜钱为什么是圆形方孔吗？

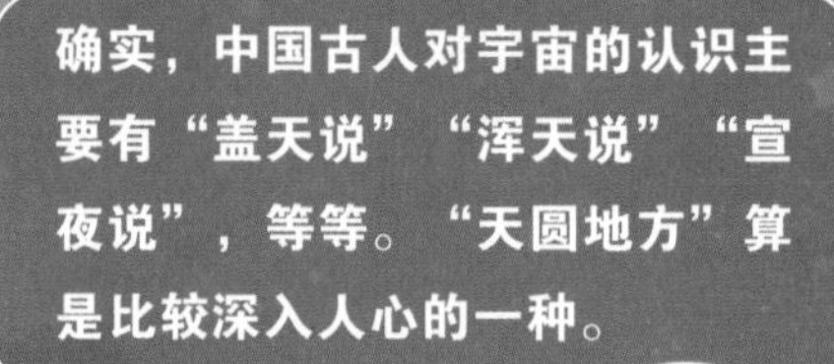
确实，中国古人对宇宙的认识主要有“盖天说”“浑天说”“宣夜说”，等等。“天圆地方”算是比较深入人心的一种。

当然知道！这代表了“天圆地方”。

“盖天说”示意图　“浑天说”示意图

听说其他文明古国，也有很多奇奇怪怪的猜想呢！
是的。印度版地球里有大象和蛇，古巴比伦还有乌龟。

古希腊版地球

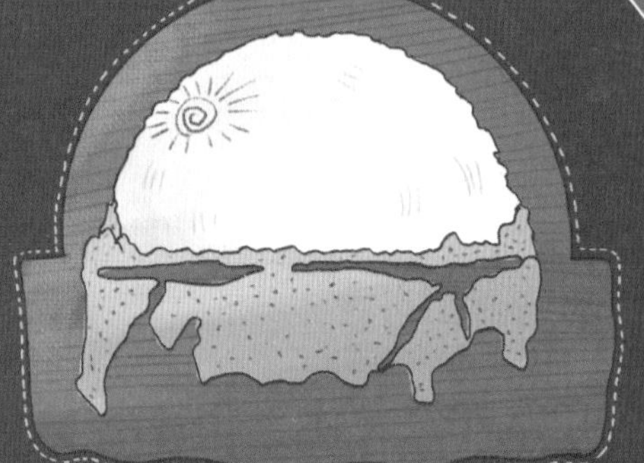

古希腊人把大地想象成一个盾形的大盘子，河流和海洋在四周围绕着大地。

古埃及版地球

古埃及人认为，大地之神吉伯弯曲一只手臂并抬起膝盖，象征地球上的山峦河流。

古印度版地球
古印度人认为，有四头大象、一只巨龟和一条巨蟒在扛着大地，大地的中央有一座高耸入云的山峰。
这些传说都是古代先民对宇宙的直观感受或绮丽猜想，也记录着人类对宇宙的探索和认知过程。
这简直是神仙大闹动物园啊！
古巴比伦版地球
古巴比伦人认为，大地是一个龟背般隆起的空心山。

虚空之中：阿那克西曼德

古希腊的泰勒斯认为，世界的本原是水，就连大地也是浮在水面上的。但他的学生阿那克西曼德却不这样认为。

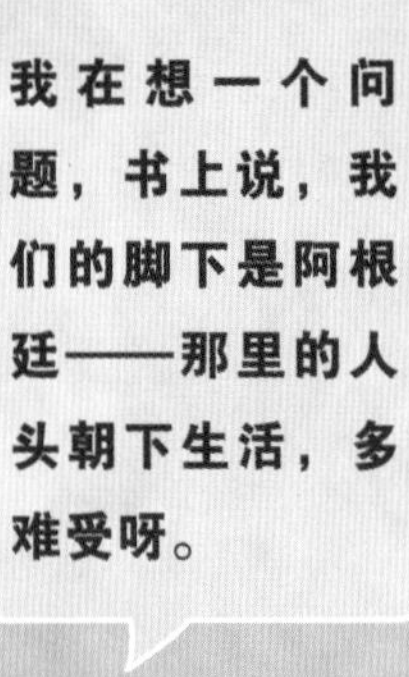
我在想一个问题，书上说，我们的脚下是阿根廷——那里的人头朝下生活，多难受呀。

哈哈，阿根廷人可能这样想，我们脚下的中国人，头朝下生活，多难受呢！

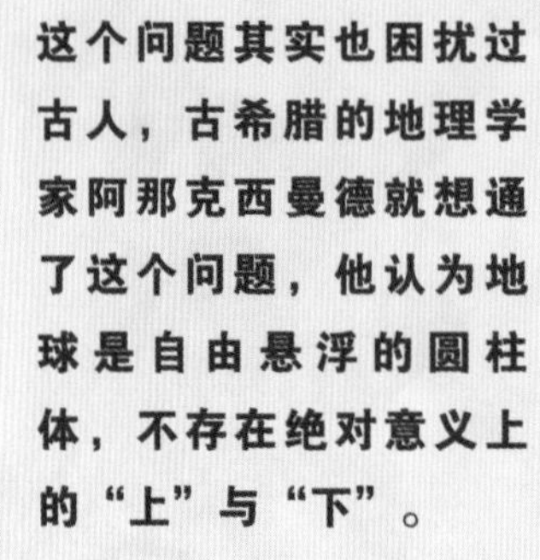
这个问题其实也困扰过古人，古希腊的地理学家阿那克西曼德就想通了这个问题，他认为地球是自由悬浮的圆柱体，不存在绝对意义上的“上”与“下”。

月亮

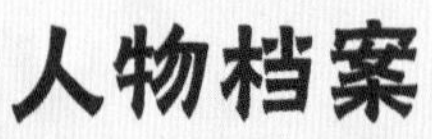
人物档案

姓名：阿那克西曼德

生卒时间：约公元前610—前546年

主要成就：古希腊自然哲学家，他认为世界的本源是“无限”，在天文学、地理学、进化论方面有出色认知。

天马行空的想法啊！他还说什么了？
可惜，阿那克西曼德留下来的作品不多，我们只能从后人的文献中了解他的思想。据记载，他在地图上描绘了海洋和大地的轮廓，绘制了世界上第一张地图，因此被誉为世界第一位地理学家。
欧罗巴
利比亚
亚细亚
阿那克西曼德的地球
太阳
地球
更重要的是，阿那克西曼德敢于批判继承前人的思想，这是我们认识世界应有的态度。
阿那克西曼德的世界地图
欧罗巴
法希斯河
黑海
海洋
海洋
地中海
亚细亚
尼罗河
利比亚
喂，你在发什么呆呀。
我在想，我也该用批判性思维来看待咱们的科学家老师了！

发现地球：毕达哥拉斯

地球是一个球？我们都生活在一个圆球上？这在古人看来简直是天方夜谭。别说，还真有这么一个人，居然不怕被嘲笑，理直气壮地说出了自己对地球的想象。

人物档案
姓名：毕达哥拉斯
生卒时间：约公元前570—前495年
主要成就：提出了著名的“勾股定理”。
我认为，在所有立体图形中，球形是最完美和谐的，所以我猜想我们生活的地球应该是球形的，其他天体也都是球形的，连宇宙本身也应该是球形的，这样才完美。

黑板上的成就

你们在学校最喜欢上什么课？

体育课、科技课、历史课，我都喜欢！

我喜欢上音乐课和美术课！

没有人喜欢数学吗？如果你们出生在2500年前的古希腊，数学可不止是一门学问，而是像魔法一样非常神奇的存在。有一个人，对数学十分迷恋，他坚信“万物皆数，数是万物的本原”。作为数学帮帮主，还提出了著名的“勾股定理”。

数学帮帮主？听起来很酷啊！

我知道，这个人是毕达哥拉斯，我们中国周朝时提出的“勾股定理”，在西方就叫毕达哥拉斯定理。

是的，毕达哥拉斯还是第一个提出地球是球形的人。

是数学给了他天马行空的想象力吗？我也要去学数学了！

你还是先学学“勾股定理”吧。

证明球形地球：亚里士多德

公元前500年，毕达哥拉斯提出“球形地球”的想法，200年过去了，这还只是一个想法，就没有人能证明一下？

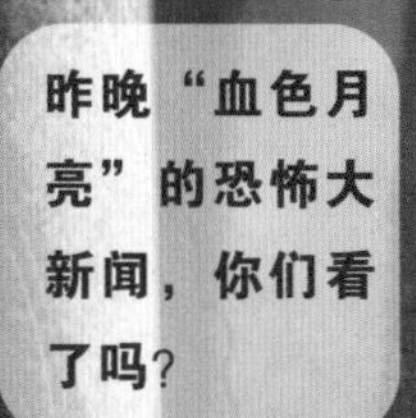
昨晚“血色月亮”的恐怖大新闻，你们看了吗？
是的，地球走到月亮和太阳中间的时候，可能会发生月食，因为一部分太阳光线通过地球大气层折射到月球，所以看到了红色的月亮。你们知道吗，有人曾经利用月食现象，证实过一个猜想，发现过一个大秘密！
这有什么恐怖的，不就是月全食嘛！

太阳
半影
本影
月球
半影
地球
月食原理

哇，发现过什么？月亮上的外星人吗？

是古希腊的亚里士多德，他利用月食证实了地球是球体的假说。
别胡说了。

证据一 夜晚的时候，一直朝着北极星走，前方会出现一些新的星星，而后方的一些星星会消失。

证据二 大海里的帆船，归航时先出现船帆，后出现船身；出航时，船身先消失，船帆后消失。

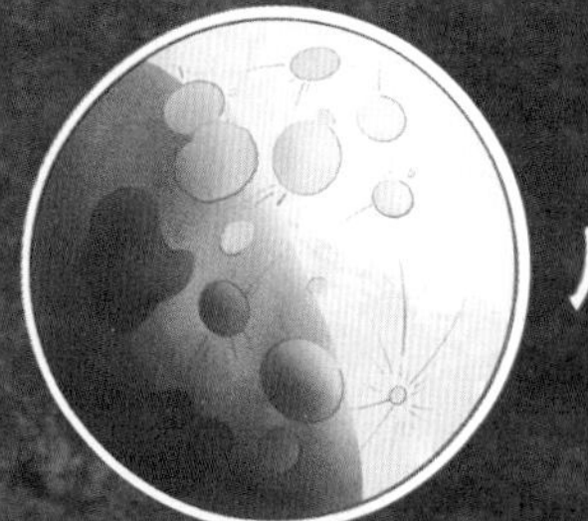

月食

我通过观察月食，发现月球上的地影是圆形，第一次科学地论证了地球是个球体。

人物档案

姓名：亚里士多德
生卒时间：公元前384—前322年
主要成就：世界古代史上伟大的哲学家、科学家和教育家，希腊学术的集大成者，柏拉图的学生，亚历山大的老师。

地球有多大：埃拉托色尼

你相信吗？早在两千多年前，古希腊自然哲学家埃拉托色尼就已经粗算出地球的周长，甚至还计算出地球到太阳的距离。在实验条件简陋的古代，埃拉托色尼是如何做到的呢？

你们知道，哪一天，在什么地方，在什么时刻，天上晴空万里，你却看不见自己的影子吗？
我怎么会看不见我的影子？
我知道，这就是夏至日“立杆无影”的游戏，要在北半球夏至日当天正午，在北回归线穿过的地方，就会发生。
立杆无影

TIPS 埃拉托色尼的魔法再现

嗨！大家好，我是埃拉托色尼，你们可以叫我“馆长”。我是一个熟练的历法计算者，我想到一个计算地球周长的巧妙方法。走，跟我一起去算算地球有多“大”！

1

这里是埃及的网红打卡景点“阿斯旺井”。当夏至日正午到来，阳光会直射入井，人们也看不见地面上物体的影子。

2

在同样的时间，远在5000希腊里（约相当于800千米）外的亚历山大城，高大的方尖碑是有影子的，不过影子很短。

其实“立杆无影”还能用来变魔术呢！古希腊数学家埃拉托色尼，就利用位于北回归线的埃及“阿斯旺井”和位于亚历山大城的方尖碑，进行了一系列“神奇影子”的魔法操作，竟然算出了地球的周长。
埃拉托色尼测量地球周长
哈利·波特的同学吗？霍格沃茨学院毕业的吗？
快得了吧，这中间可差着两千年呢。
A
D
5000
B
R
α
试验示意图
算出了地球周长约为25万希腊里，也就是39375千米，这与地球的实际周长40076千米很接近了。
这个魔法场面很大啊，比哈利波特飞来飞去可酷多了！我也想试试。
“光说不练假把式”，你测一个看看再说难不难。
3
一个有影子，一个没影子，两者相距5000希腊里，泰勒斯说过“两条直线相交，对顶角相等”，利用这个原理，地球周长就算出来了。
5000
4
算出来了！地球周长25万希腊里！我真是天才！
25万希拉里

糟糕，把地球弄小了：托勒密

一份湮灭了千年的地理秘籍，一套影响深远的地图手稿，是什么原因让其石沉大海？又是怎样的机缘巧合让它得以重见天日？

人物档案

姓名：托勒密

生卒时间：约90—168年

主要成就：数学家、天文学家、地理学家、占星家，“地心说”的集大成者，代表作有《地理学指南》《天文学大成》《天文集》和《光学》。

地图

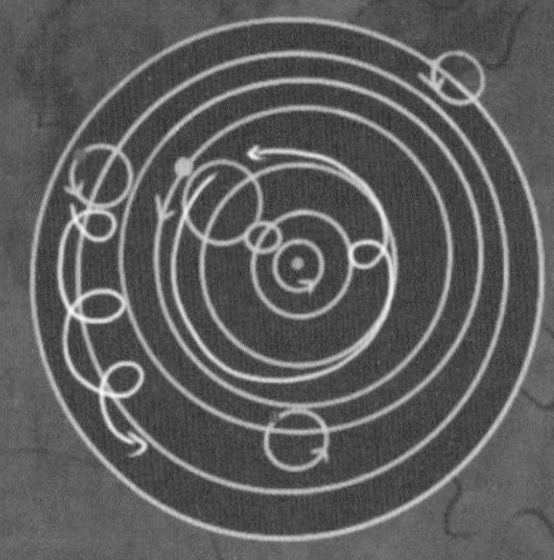

“地心说”模型

他最突出的成就，是在前人基础上修订的“地心说”，这也成为一统欧洲千年的宇宙观。

我怎么记得托勒密是观测天象的呢，怎么他还会画地图？

你记得没错，这是同一个托勒密。

普拉努德斯神父
东罗马君士坦丁堡（伊斯坦布尔）
指南
地理学
说得对。这让我想起来历史上一个传奇的"淘宝"故事。
这种事特别多，主要是有的人不识货。得具备我这样的"火眼金睛"才能发现宝藏！
前两天看纪录片，居然有好多博物馆的镇馆之宝，早期差点被当成废品卖了啊！

普拉努德斯神父,走街串巷收集古籍，意外收到了一份《地理学指南》手稿。整个世界被画在了27张纸上——一个千年以前的精彩地理世界，呈现在神父面前。手稿用希腊语书写在纸草卷上，归纳了1000多年以来希腊关于世界大小、形状和范围的思考，包括27幅世界地图和26幅局部图。

托勒密宇宙体系

托勒密认为宇宙是以地球为中心的，所有天体以均匀的速度，按圆形的轨道转动，他使用了本轮、均轮和偏心圆的原始设想，对火星、金星和水星等轨道予以描述，较为完美地解释了当时观测到的行星运动情况，人们称其为托勒密地心体系。

托勒密地心体系

是的，托勒密画地图时，采用了波西东尼斯测定的地球周长的较小数值，他把每一弧度定为500（而不是600）希腊里，这使得所有用弧度表现的距离都夸大了，地球就变小了。哥伦布要从欧洲到亚洲，看起来穿越大西洋会近很多了，幸好他最后没"上当"。
快别提了，大咖也有搞错的时候，这地图差点让哥伦布吃了大亏。
托勒密真是上知天文下知地理的大咖，怪不得哥伦布环球大探险的时候，拿的是"托大咖"画的地图。

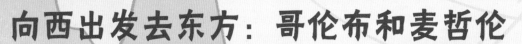

向西出发去东方：哥伦布和麦哲伦

地理大发现时代，是冒险探索的时代，也是大航海的时代。

大西洋
北美洲
1492年
1493年
1502年
1498年
非洲
1519年
1522年
1521年
1520年

人物档案

姓名：哥伦布

生卒时间：1451 — 1506年

主要成就：四次横渡大西洋，发现新大陆。

“我不会去统治这片大海，在这片大海上，最自由的人就是我。”“我要成为海贼王！”

咦，你这是唱的哪一出？

看样子是沉迷在航海冒险里了。先别管他，咱们还是看看历史上真正航海家的大探险吧。

人物档案
姓名：麦哲伦
生卒时间：1480 — 1521年
主要成就：所率船队首次完成了环球航行。
欧洲
亚洲
1521年
太平洋
为了要去东方的印度，哥伦布反向航行，向着西方的大海出发，因为他相信“地圆说”；而麦哲伦则是以强大的探索精神和航海实践支持了地圆说：他的船队历时1082天，航行60440千米，完成了人类首次环球旅行。
这简直太帅了！我要是生在那个时代，也能成为一名海上探险家！
1522年
你还是先学学游泳吧。
麦哲轮航线
哥伦布航线

世界地图这么画：墨卡托

地球是一个圆球，如何把球“拍扁”在纸上画成地图呢？这似乎是一个挺难的事情。从古时就有很多人做过尝试，最终解决它的是16世纪的荷兰地图学家墨卡托。

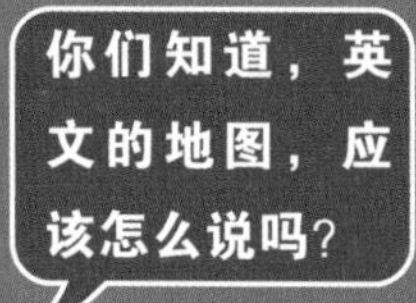

你们知道，英文的地图，应该怎么说吗？
这个我知道！Map！M-A-P，Map！

好像还有一个说法，叫Atlas，是地图集的意思。

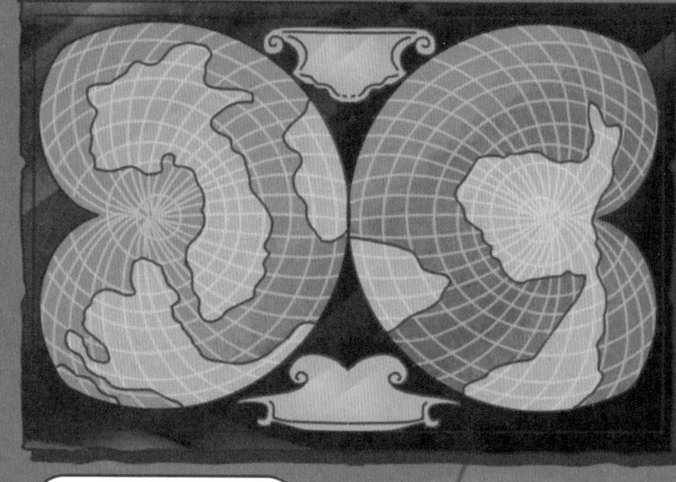

心形投影地图

说起Atlas，还有一段小故事。在大概在七八百年前，航海开始变得繁盛起来，但有一个问题一直困扰着那些大船长：没有靠谱的地图可以用。因为地球是球形的，而地图是平的，人们想了不少方法，把地球“拍平”，比如心形投影法，作出的地图是两个心形的；还有圆柱投影法、极方位投影法等，但这些方法在航海使用中都存在较大问题。
难用是难用，反正我觉得挺好看的。
就不能把地球切成细条再拼起来吗？

当时荷兰的地图学家墨卡托就是这么切的，并且发现，沿着地球子午线切割之后，子午线像橘子瓣一样，在南北两极汇合了。
我觉得更像切西瓜。
反正，我饿了。
墨卡托投影
把橘子瓣的两头拉伸，直到它们连接成一个整体。这样虽然带来了两极面积失真的问题，但解决了航海的大问题。如果沿着这种地图上的两点直线航行，可以方向不变一直抵达目的地。1569年，第一张墨卡托投影的世界地图问世，并一直沿用到今天。
墨卡托投影示意图
1569年，地图学家使用墨卡托投影绘制的圆筒形世界地图
ATLAS
1595年出版的《墨卡托地图集》，封面使用了古希腊神话中托举地球的巨人，他是谁呀？
于是，从那以后，Atlas就成了地图集的代名词啦。
阿特拉斯！Atlas！
阿特拉斯！Atlas！
墨卡托地图集封面

地球也在天上：哥白尼

直到几百年前，才有人“冒天下之大不韪”，将地球从宇宙中心的位置移除。

是的。哥白尼经过长期的观测和计算，提出了一个新学说“日心说”。
你们知道在历史上，有哪个理论，虽然错了，却流传了上千年，还不许任何人修改？
属螃蟹的吗？能横行霸道啊！
你就知道吃，应该是托勒密的“地心说”。
一千多年啊！就没人感觉哪里不对吗？
改变历史的学霸就要出场了！

回答正确——公元2世纪，托勒密提出了“地球是宇宙中心”，这一说法流传了1400多年。但是，在之后的时间里，大量的观测资料累积起来，托勒密的宇宙模型漏洞越来越多，后人不停地“修补”，托勒密体系变成了80多个轮子的组合，非常复杂。

“现象引导天文学家。”

人物档案

姓名：哥白尼

生卒时间：1473—1543年

主要成就：批判了托勒密的理论，推翻了长期以来居于统治地位的“地心说”，部分还原了地球作为一个天体的本来面目，推动了天文学的根本变革。

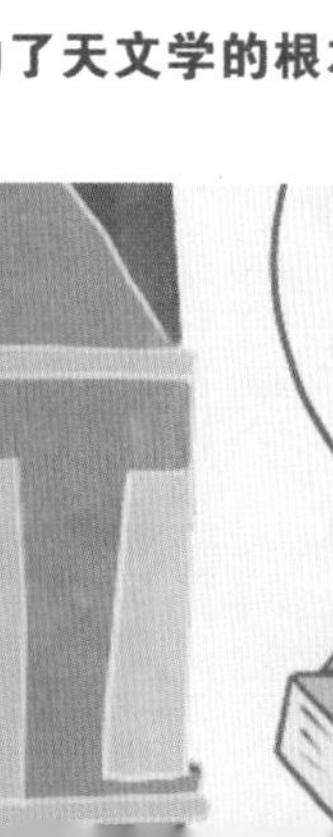

“地心说”模型
“日心说”模型
哥白尼将其一生的观测和计算写成了《天体运行论》，当时还是教会统治的时代，直到他快去世时，这本书才得以出版。“日心说”的提出无疑朝真理迈进了一大步，但它仍旧存在错误。且听后文分解。
这些模型“轮套轮、圈套圈”，格局还是小了。
虽然没说对，但还是挺好看的。

地球确实在转动：伽利略

四百年，有人将前望远镜投向星空，改变了人类对宇宙及自身的看法，开辟了天文学的新时代。

你们看，今晚的月亮真美啊！
女生就知道美，作为科学小达人的我看来，其实月亮啊，有着一张坑坑洼洼的脸。
没错，数千年来古人也以为月亮上没有起伏，十分平坦，是完美、光滑的。直到400多年前，一个大人物登场，利用他的“神器”，揭开了月球的真实面容。

人物档案

姓名： 伽利略

生卒时间： 1564 — 1642年

主要成就： 在科学实验基础上融会贯通数学、物理和天文学，扩大、加深并改变了人类对物质运动和宇宙的认识，被称为近代科学的奠基人。

科学发现总是循序渐进的嘛！伽利略所有的天文发现，都为半个世纪前哥白尼的日心说提供了最直观、最有力的证据，使得日心说最终得以确立。伽利略的一系列发现驳斥了天主教的教义，因此受到了教会的无情打压，余生在监禁中度过。
大咖也有不自信的时候啊?
这段密码，看起来真酷！
SIDEREVS
MEDICEA SIDERA
SIDERFVS
星际使者

伽利略制造的望远镜

不同天文学家利用早期望远镜绘制的土星图像，因为光学像差的缘故，土星的形态被猜测成各种各样。

著作《星际使者》

1609—1610年间，伽利略写给友人的信中，透露了通过望远镜对木星卫星的观察。

哥白尼对了也错了：开普勒

用数学方法还能推演出行星运动的规律?

天上的星星，会爆炸吗?

当然会啊！人类上一次亲眼看到超新星爆炸还是400多年前呢，著名的科学家开普勒就有幸目睹了，还进行了研究。

是啊，开普勒可是一位了不起的人物，他发现了行星运动三大定律：轨道定律、面积定律和周期定律，被誉为“天空立法者”。

开普勒超新星遗迹

开普勒进一步证明了地球不是宇宙的中心,这是与哥白尼一致的；而他的行星运动定律表明，行星绕太阳运动的轨道并不是完美的正圆,而是以太阳为焦点的椭圆，哥白尼不就又错了吗。

为什么说他既完善了哥白尼学说，又破坏了哥白尼学说?

听绰号，还以为他研究法律的呢。

人物档案
姓名：开普勒
生卒时间：1571—1630年
主要成就：发现了行星运动三大定律，对光学、数学也做出了重要的贡献，他是现代实验光学的奠基人。
所谓“成也萧何败也萧何”。
这是一个意思吗！
著作文献
开普勒早期建构的太阳系体系模型
注：这个模型其实是错误的。
开普勒行星运动三定律 示意图

地球是圆的秘密我知道了：牛顿

探索的脚步永不停息。地球是圆的，究竟是为什么呢？

谁能用一句话，解释一下什么是万有引力？
你吸引我，我吸引他，他吸引你？
不知道还乱解释，至少也得联想到苹果树的故事啊。万有引力的提出者——牛顿，可是一位百科全书式的“全才”。

向心力和离心力

向心力是当物体沿着圆周或者曲线轨道运动时，指向圆心（曲率中心）的合外力作用力。离心力是一种虚拟力，是一种惯性的体现，它使旋转的物体远离它的旋转中心。

如何理解向心力和离心力这对“真假兄弟”，大家可以通过转呼啦圈的游戏进行理解。当呼啦圈在你的腰上旋转时，总感觉它快要不受控制的飞出去，但是有一股神秘的力量在阻止它这样做。在这里，呼啦圈就受到了离心力和向心力。兄弟中的离心力十分调皮，总是想让呼啦圈飞出去，越远越好。而向心力则十分听话用尽力气把呼啦圈往中心拉，不让它飞走。

如果失去了向心力，只剩下淘气的离心力可是非常可怕的。我们都知道，月球按照一定的轨道围着地球公转，从来不会跑出这个轨道，这全靠向心力帮忙。如果向心力突然消失，月球就会飞走，这可要出大问题！

向心力
离心力

离心力
向心力
月亮
地球

万有引力公示
m_1 F_1 F_2 m_2
r
$F_1=F_2=G\frac{m_1\times m_2}{r^2}$
任何两个质点都存在通过其连心线方向上的相互吸引的力。地球在自转过程中，南北两极受到的向心力最大，赤道受到的离心力最大，这样就可以推断出地球是一个“两端扁平中间突起的扁球体”，形状像一个橘子。
牛顿式望远镜
人物档案
姓名：艾萨克·牛顿
生卒时间：1643 — 1727年
主要成就：提出万有引力定律、牛顿运动定律，被誉为“近代物理学之父”。
这个万有引力可真厉害啊，还能推算出地球“两头扁、中间鼓”的橘子形状呢！
砂糖橘啊柑橘啊，酸的甜的、圆的扁的，我都爱吃！

地球竟然“不是圆的”：四代卡西尼

地球到底是橘子，还是香瓜？实践测量出真知。

我长大了要当天文学家，每天看星星，岂不是很酷！
有一个人是天文学家就很浪漫了，难得的是曾经有一个家族，连续四代都是天文学家呢。
没错。卡西尼家族是天文学界最负盛名的祖孙四代在同一学科领域做出重大贡献的家族。

G · D · 卡西尼

儿子

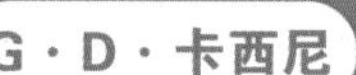

G · D · 卡西尼，1625—1712年

儿子：J · 卡西尼，1677—1756年

孙子：C · F · 卡西尼，1714—1784年

重孙：J · D · 卡西尼，1748—1845年

四代卡西尼先后担任台长的巴黎天文台

套娃解说词

G·D·卡西尼非常保守，是最后一位不愿意接受哥白尼理论的著名天文学家。他还反对牛顿提出的地球橘子学说。他和他儿子先后完成了法国境内子午线的测量工作，均认为地球是一个狭长球体，即“香瓜派”。但是，他们用的数据有问题，这导致了他们对地球形状的错误判断。

卡西尼—惠更斯探测器

孙子

重孙

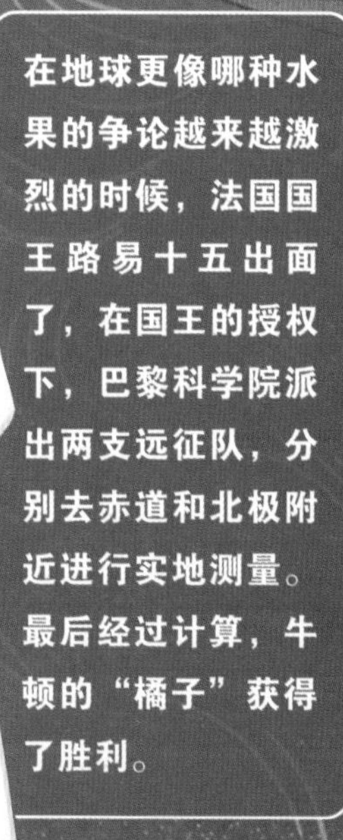
这吵来吵去都离不开好吃的啊。
又把你吵了饿吧。最后是怎么解决的呢？
在地球更像哪种水果的争论越来越激烈的时候，法国国王路易十五出面了，在国王的授权下，巴黎科学院派出两支远征队，分别去赤道和北极附近进行实地测量。最后经过计算，牛顿的“橘子”获得了胜利。

用几个小球称称地球：卡文迪许

终于确认了地球的形状，又有人冒出了“地球到底有多重”的奇思妙想，还要异想天开地称一称呢。

“给我一个支点，我要撬起地球！”
你这是学阿基米德呢？还是吹牛呢？
即便给阿基米德一个支点，他也撬不动，地球质量太大了。但是，有人就用小球，称量了地球。
实验原理及实验装置
实验场景

S
m
M
人物档案
姓名：亨利·卡文迪许
生卒时间：1731 — 1810年
主要成就：通过扭秤实验，算出了地球质量和万有引力常数。
卡文迪许用一枚石英丝悬挂了T形架，并在两端放置小球。在小球的两侧，还各放置一个大球，利用大球对小球微弱的万有引力，引起架子转动，从而对引力进行测量。这样就得到了万有引力常数。有了万有引力常数，卡文迪许通过测量地球对小铅球的引力，就把地球的质量也“称”了出来。
这么小的引力，风一吹，大喊一声。
据说，卡文迪许考虑了各种误差的影响，他的那篇论文，简直是一篇“讨论误差”的专题论文。

地球是怎么来的：康德、戴文赛和拉普拉斯

地球哪里来？地球云中来！

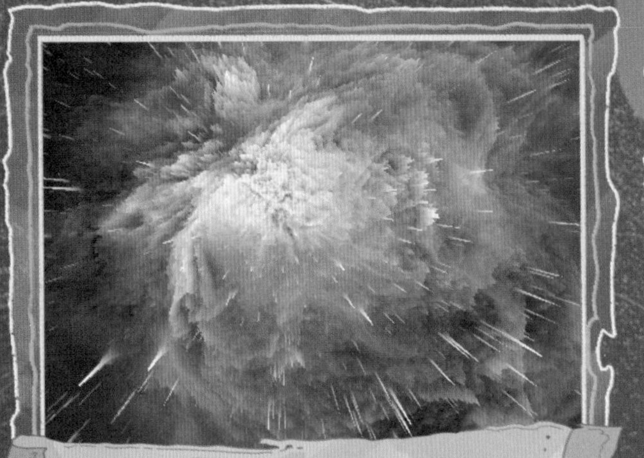

猎户星云

马头星云

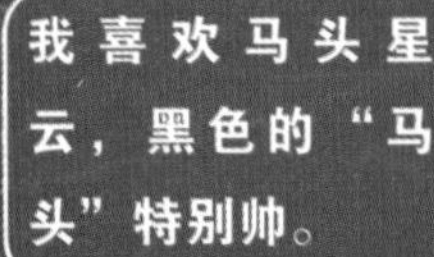

猎户座星云真漂亮，像个红色的凤凰。
我喜欢马头星云，黑色的“马头”特别帅。

这是宇宙中的星云，那不仅是诞生恒星的地方。我们地球，也是在星云中形成的。星云中心收缩成太阳，星云盘上诞生了一个个行星，其中就包括地球。

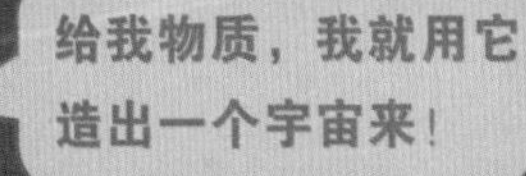

给我物质，我就用它造出一个宇宙来！

人物档案

姓名：康德

生卒时间：1724—1804年

主要成就：从哲学的角度提出了太阳系起源的“星云假说”。

人物档案

姓名：戴文赛
生卒时间：1911—1979年
主要成就：根据太阳系形成的多种假说，提出了“尘层吸积说”。

在行星形成理论发展中，中国天文学家做出了很大的贡献，新中国成立后，戴文赛先生致力于这方面工作，在晚年提出了太阳系形成的“尘层吸积说”，在国际上享有盛誉。

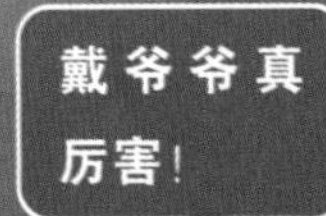

戴爷爷真厉害！

我也要提出个假说，比如，千层酥说，梦幻甜甜圈说……

为何在假说中没有上帝？

陛下，我不需要这样一个假设。

拿破仑

人物档案

姓名：拉普拉斯
生卒时间：1749 —1827年
主要成就：从数学和力学方面完善了太阳系起源的“星云假说”。

拉普拉斯的星云假说

从宇宙视角看地球：卡尔·萨根

飞向茫茫太空，回望地球家园。

你知道人类发射的卫星最远飞到了哪里吗？

旅行者1号还是一位伟大的摄影师呢！

知道啊，著名的“旅行者”1号嘛，截至2021年11月，旅行者1号已经飞离地球232亿千米，是迄今飞离地球最远的人造航天器。

旅行者1号探测示意图

暗淡蓝点——太阳系网红打卡地！

1990年2月，位于地球60亿千米之外的旅行者1号，在完成了主要探测任务后，它做出了一个让大多数人难忘的举动：回眸一拍，把自己探访过的行星留在了照片里，这就是非常难得的太阳系全家福合影。其中包括了著名的“暗淡蓝点”——照片里，地球像一个小小的蓝点，悬浮在太阳系漆黑的背景中。

地球

人物档案

姓名：卡尔·萨根

生卒时间：1934—1996年

主要成就：著名天文学家、科幻作家、科普大师，在行星物理学领域取得许多重要成果，撰写有数十部科普读物。

旅行者1号

你知道吗，提出让旅行者1号转头拍摄的人，可是大名鼎鼎的卡尔·萨根。

一张充满诗意的地球照片！

这个视角看地球，真是别有一番感受啊！

是不是更加珍爱我们的家园了！

盖天说和浑天说：司马迁和张衡

我国是著名的四大文明古国之一。古代先民萌发了许多有关地球的奇妙猜想。

哈哈，你还说就我好吃，我感觉古代先民也一样啊。你看，他们有的说天空像个碗；有的说大地是鸡蛋黄，日月星辰都长在蛋壳上？
那是“盖天说”和“浑天说”，都是古人对地球和宇宙的想象和比喻。
我国大约在西周初年出现了“盖天说”的言论。著名的史学家司马迁就是盖天说的坚定拥护者。

盖天说解释

汉代《周髀算经》中提出了“天圆地方”之说。《晋书·天文志》中记载“天圆如张盖，地方如棋局”正是对盖天说的形象描绘。

人物档案

姓名：司马迁

生卒时间：公元前145年（或135年）—？（不可考）

主要成就：西汉著名史学家、文学家、思想家，创作了中国第一部纪传体通史《史记》。

浑天说解释

天在外，地在内，天是一个圆球，把地包在里面。日月星辰依附在天壳上，随着天壳每昼夜旋转一周。

随着时间的发展，盖天说暴露了许多问题，与此同时，被能较好解释天体运动的“浑天说”所替代，集大成者是东汉的张衡。

你可是怎么都离不开吃呀。
相比现在的认识，还是古时候的说法比较有“味道”。

人物档案

姓名：张衡

生卒时间：78—139年

主要成就：东汉天文学家、文学家，“浑天说”的集大成者，发明了浑天仪、地动仪。

僧人的遗憾：一行

在探索地球形状的历史长河中，我们的先贤曾走到了发现“地圆现象”的边缘。

你看这个模型，一环套一环，真神秘的样子。
这好像是古代天文仪器？
唐朝著名的天文学家僧一行利用它，完成了一件大事。
黄道游仪（剖视图）
阳经双环
旋枢双环
赤道
北极枢
白道
黄道
赤道
天顶单环
玉衡
望筒
阴纬单环
赤道刻缺
龙柱
山云
水槽

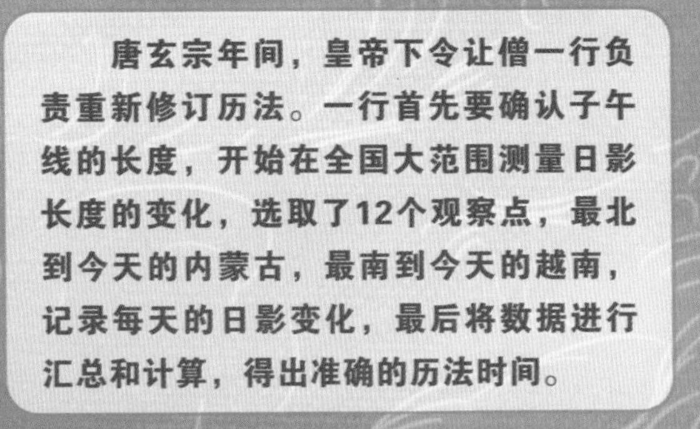

唐玄宗年间，皇帝下令让僧一行负责重新修订历法。一行首先要确认子午线的长度，开始在全国大范围测量日影长度的变化，选取了12个观察点，最北到今天的内蒙古，最南到今天的越南，记录每天的日影变化，最后将数据进行汇总和计算，得出准确的历法时间。

北极
45°
30°
15°
0°
15°
30°
45°
60°
75°
90°

地球子午线示意图

人物档案

姓名：一行（原名张燧）
生卒时间：683—727年
主要成就：唐朝天文学家，组织大规模天文大地测量工作，精确地测量出地球子午线一度弧的长度。

一行测量的子午线长度为129.22千米，虽与科学数据111.2千米有误差，但意义重大，一行成为我国第一个用科学方法测算子午线长度的人，遗憾的是，一行没有更深一步，而与这一伟大发现失之交臂。

正所谓“日影一寸，地差千里”。

别拽词了，一行推翻的正是这个说法呢！

“地球”概念传入中国：利玛窦和徐光启

明末清初，西方科学开始向中国传播，欧洲的传教士们纷纷来到中国，同时也带来了现代的地球概念。

《坤舆万国全图》是意大利传教士利玛窦在中国传教时刊印的世界地图，这是最早的中文世界地图，也第一次给中国带来了“地球”的概念。

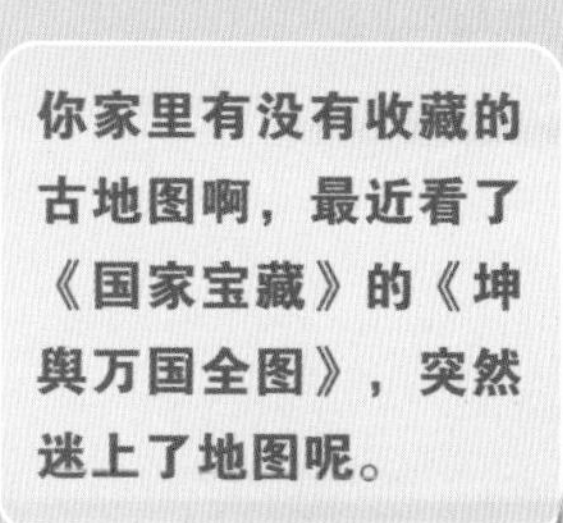
你家里有没有收藏的古地图啊，最近看了《国家宝藏》的《坤舆万国全图》，突然迷上了地图呢。

这可是咱们的国宝啊！

人物档案

姓名：利玛窦

生卒时间：1552—1610年

主要成就：最早来华的传教士之一，也是最具影响力的一位。与徐光启、李之藻等合译了大量西方科学典籍，如《几何原本》（前6卷）、《同文算指》等，被誉为“中西文化交流第一人”。

坤舆万国全图

主图为椭圆形的世界地图，四周圆弧边旁各附有圆形小图，还有各种天文、地学知识，同时也参考了大量中国典籍，因此该图是一幅中西合璧的世界地图。现南京博物院收藏有1608年的彩色摹绘本。

对，徐光启较早师从利玛窦，学习西方的天文、历法、数学、测量和水利等科学技术，是较早接受西学的中国人士，在修订《崇祯历书》中，他就引进了球形地球的概念，介绍了经度和纬度的概念。
说起利玛窦，他还有一个学生，也是一位大人物呢。
好想去南京博物院一睹国宝真容啊！

人物档案

姓名：徐光启

生卒时间：1562—1633年

主要成就：崇祯朝礼部尚书兼文渊阁大学士、内阁次辅，毕生致力于科学技术的研究，著有《农政全书》等，也是介绍和吸收欧洲科学技术的积极推动者，为17世纪中西文化交流作出了重要贡献。

深空探测
资源卫星
500~1000km
空间站
400km
80km<航天遥感
大型客机
8km
5km<航天遥感<20km
近地遥感<5km
咦，刚才跟我们擦肩而过的大家伙，怎么看起来很眼熟啊？
对啊对啊，那就是正在天上运行的中国空间站“天宫”！
岂止是空间站，各行各业都有创新的大国重器在施展本领！
我们的航天员叔叔阿姨在太空里看地球，就是欣赏窗外的风景呀！
每天能看16次日出日落呢，好想去住上几天呢！
科技发展日新月异，我们中国也拥有自己的空间站，真令人骄傲。

星际探测器
地球静止卫星
36000km
重力卫星
200km
飞艇
0.5~3km

科学创新勇攀高峰

当人类从更高更远的角度去认识地球时，会发现在浩瀚的宇宙中，地球只是一个小小的蓝色斑点，在这一刻作为人类的我们是渺小的，但渺小的我们却可以突破对自身的认知，去不断探索这个世界，认识这个世界，从过去到未来这一探索从未停止，这样的人类又是多么的伟大！这个探索的过程，带来的不仅是科学知识的收获，更是人类在科学认知上的提升与飞跃，支持人类永恒探索的源头——求真的精神！

结束语

从朴素的直觉猜想，到实测的理性高歌，再到运用高科技“上天入地”，人类逐步揭开地球的神秘面纱，我们终于摆脱了对她囿于一隅的认识，在理性光芒的映照下，征途崎岖却满载收获！

地球是太阳系中普通的一员，在银河系中宛若尘埃，若置于浩瀚的宇宙，何足道哉？但是，她是我们的家园。她的土壤、水分和空气滋养了我们的躯体；她的狂风骤雨、地震海啸磨砺了我们的品格；她的缤纷地貌与火热内心激发了我们的想象与求索。

珍惜我们这颗蔚蓝色的可爱星球吧，还有更多的奥秘等待我们去探索。无论梦想飞到多远，这里有最值得我们留恋的灯火！

I
北京

北京科学中心地处北京市西城区北辰路9号院，位于北京中轴路沿线、安华桥西北角，展览展示面积近1.9万平方米，是面向公众的大型科技场馆。

北京科学中心自2014年筹建以来，深入贯彻习近平总书记关于“科技创新、科学普及是实现创新发展的两翼，要把科学普及放在与科技创新同等重要的位置”的战略思想，立足北京实际，着眼国际一流，紧紧围绕北京是中华人民共和国的首都和全国政治中心、文化中心、国际交往中心、科技创新中心的战略定位，顺应世界科技场馆发展需求，坚持以建设与北京城市发展战略地位相匹配的科普新地标为目标，突出科学思想方法传播，突破“一楼一宇”地域束缚，突显科技场馆发展理念制高点，面向社会、面向世界、面向未来，讲好北京发展故事、讲好科技创新故事、讲好科技文化故事，努力打造与科技创新中心相匹配的世界一流科学中心。

科学中心

地球方圆主题展位于2号楼1层，布展面积约800平方米，作为主展区的补充和延伸，向公众传播科学思想、科学方法，弘扬科学家精神。

联系我们

地址：中国北京市西城区北辰路9号院

客服电话：010-8305999（周三至周日9：30—16：00）

EMAIL:zixun@bjsc.net.cn

北京科学中心

数字北京科学中心

北京科学中心AR

内容提要

本书以北京科学中心“地球方圆”特色展厅展览内容为基础，书中原创了三个生动的人物形象，以他们的视角通过图文、互动等多种形式展示了从古至今人们对地球形状的探索过程。三位主人公乘坐“科学之舟”来到不同时期，跟随科学家们一起探索地球形状、学习科学知识。书中着重强调了科学思想的提升、方法的进步与技术手段的改善对科学探究的促进作用，还传达了“探索、实践、创新”的科学精神。

本书内容丰富、插图精美、文字生动，适合广大青少年群体及天文地理爱好者阅读。

图书在版编目（CIP）数据

发现地“球” / 孙媛媛编著 ; 北京科学中心组编
. -- 北京 : 中国水利水电出版社, 2021.12
（科学之舟丛书）
ISBN 978-7-5226-0229-5

Ⅰ. ①发… Ⅱ. ①孙… ②北… Ⅲ. ①地球－儿童读
物 Ⅳ. ①P183-49
中国版本图书馆CIP数据核字(2021)第233625号

责任编辑　李亮 王勤熙 傅洁瑶（010-68545827）

丛 书 名　科学之舟丛书
书　　名　发现地“球”
　　　　　FAXIAN DI “QIU”
作　　者　北京科学中心 组编
　　　　　孙媛媛 编著
出版发行　中国水利水电出版社
　　　　　（北京市海淀区玉渊潭南路1号D座 100038）
　　　　　网址：www.waterpub.com.cn
　　　　　E-mail:sales@waterpub.com.cn
　　　　　（010）68367658（营销中心）
经　　售　北京科水图书销售中心（零售）
　　　　　（010）88383994、63202643、68545874
　　　　　全国各地新华书店和相关出版物销售网点
印　　刷　河北鑫彩博图印刷有限公司
规　　格　210mm×297mm 16开 3.5印张 100千字
版　　次　2021年12月第1版 2021年12月第1次印刷
总 定 价　68.00元